大麦原来是这样的

沈 奇　王艳平　黄 俊 ◎ 著

河海大学出版社
·南京·

图书在版编目（CIP）数据

大麦原来是这样的 / 沈奇，王艳平，黄俊著 .
南京：河海大学出版社，2024. 11. -- ISBN 978-7
-5630-9445-5

Ⅰ . S512.3

中国国家版本馆 CIP 数据核字第 2024J42J24 号

书　　名 /	大麦原来是这样的
	DAMAI YUANLAI SHI ZHEYANG DE
书　　号 /	ISBN 978-7-5630-9445-5
责任编辑 /	周　贤
特约校对 /	吴媛媛
装帧设计 /	张育智　刘　冶　吴晨迪
出版发行 /	河海大学出版社
地　　址 /	南京市西康路 1 号（邮编：210098）
网　　址 /	http://www.hhup.com
电　　话 /	（025）83786678（总编室）
	（025）83722833（营销部）
经　　销 /	江苏省新华发行集团有限公司
印　　刷 /	南京凯德印刷有限公司
开　　本 /	889mm×1194mm　1/16
印　　张 /	7
字　　数 /	122 千字
版　　次 /	2024 年 11 月第 1 版
印　　次 /	2024 年 11 月第 1 次印刷
定　　价 /	60.00 元

大麦原来是这样的

你听说过大麦吗?或许你听说过生长于青藏高原的青稞,那你是否知道青稞就是一种大麦?

你认识大麦吗?或许你见过杂粮柜里的大麦仁,那你是否见过大麦在田里的模样,它是怎样种植又是如何生长的?

你了解大麦吗?或许你吃过丝滑的大麦粥,那你是否知道人们是如何利用大麦酿制啤酒的?它为什么是全球关注的健康食品?你想自己动手做一份大麦美食吗?

你对大麦的各种好奇,这本书也许会告诉你……

目录
Content

起源久远的家族   001

大麦的家族   004
大麦的起源   010

多姿多彩的形态   013

大麦的一生   014
植株姿态   027
根   029
茎   030
叶   032
花   042
穗   043
籽粒   057

分布广泛的种植	065
地理分布	066
优良品种	068
栽培技术	080

日益重要的价值	083
酿造啤酒	084
优质饲料	086
传统药材	088
营养膳食	090

参考资料	102

大麦原来是这样的

起源久远的家族

大麦（拉丁名：*Hordeum vulgare* L.）是禾本科大麦属一年生草本植物，是世界上最重要、最古老的栽培作物之一。大麦按籽粒上稃的有无，可分为皮大麦和裸大麦。裸大麦在我国青藏高原地区被称作"青稞"。

人类从远古时期就开始驯化大麦。大麦最初是人类的主要粮食，渐渐地，由于小麦和水稻的广泛种植，大麦才退出主粮阵地。现在我国青藏高原藏族聚居区仍以大麦（青稞）为主粮，而东南沿海地区的人们喜爱食用大麦糁子和大麦面。

大麦是酿制啤酒必需的原料。8000年前，人类就开始利用大麦酿制啤酒，大麦的品质是影响啤酒质量的重要因素。

大麦最大的用途是作为动物饲料，目前，全球约1/2的大麦被用作饲料。

近年来，人们越来越注重饮食健康，食用大麦及其衍生产品的风潮逐渐兴起。如今的大麦具有食用、饲用、酿造用和医药用等多种用途。

裸大麦在我国南方地区被称为元麦、米麦，在北方地区被称为米大麦、仁大麦。

大麦的拉丁名源于古罗马角斗士 hordearii，人们认为吃大麦可以增强力量与耐力。

大麦染色体少而大（2n=14），自花授粉，是遗传学、分子生物学、病理病毒学研究的模式作物。

大麦原来是这样的

起源久远的家族

大麦的家族

地球上的植物估计有 50 万种以上（种子植物 25 万种左右），要对如此数目众多又千差万别的植物进行研究，首先要给它们分类。

植物学家根据植物的花、果实和其他部位的结构，以及来自化石和 DNA 分析的证据给出了植物的分类等级。在植物分类中，我国栽培大麦属于禾本科大麦属中的大麦种。

大麦分类等级图

被子植物门（*Angiospermae*）　　　　　　**门** —— 根据最关键的特征划分植物
　↓　　　　　　　　　　　　　　　　　　　　（如被子植物门、裸子植物门等）

单子叶植物纲（*Monocotyledoneae*）　　　**纲** —— 根据基本差异划分植物
　↓　　　　　　　　　　　　　　　　　　　　（如单子叶植物纲、双子叶植物纲等）

禾本目（*Graminales*）　　　　　　　　　　**目** —— 把具有共同祖先的科归并在一起
　↓　　　　　　　　　　　　　　　　　　　　（如禾本目、蔷薇目、豆目等）

禾本科（*Gramineae*）　　　　　　　　　　**科** —— 包括明显亲缘关系的植物
　↓　　　　　　　　　　　　　　　　　　　　（如禾本科、蔷薇科等）

大麦属（*Hordeum*）　　　　　　　　　　　**属** —— 具有相似特征的近缘种组成的群
　↓　　　　　　　　　　　　　　　　　　　　（如大麦属、稻属、草莓属等）

大麦（*Hordeum vulgare*）　　　　　　　　**种** —— 有相同特征，有时可以相互杂交的植物个体集合
　　　　　　　　　　　　　　　　　　　　　　（如大麦、稻、蓝莓等）

大麦原来是这样的

起源久远的家族

变种

  根据大麦分布的地理区域不同及形态上的细小差异，植物学家又把大麦种分为 3 个变种，分别是大麦（原变种，*Hordeum vulgare var. vulgare*）、青稞（*Hordeum vulgare var. nudum*）和藏青稞（*Hordeum vulgare var. trifurcatum*）。

青稞（变种）

大麦（变种）

藏青稞（变种）

皮大麦与裸大麦

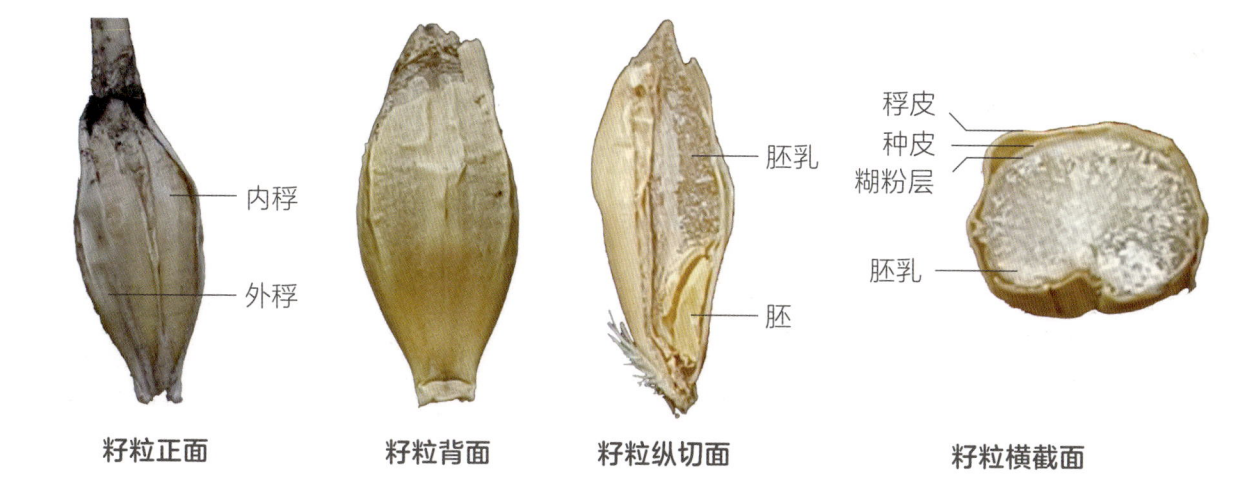

裸大麦

籽粒正面 — 内稃、种子、外稃
籽粒背面 — 胚
籽粒横截面 — 种皮、糊粉层、胚乳

皮大麦

籽粒正面 — 内稃、外稃
籽粒背面
籽粒纵切面 — 胚乳、胚
籽粒横截面 — 稃皮、种皮、糊粉层、胚乳

大麦原来是这样的

起源久远的家族

二棱大麦和多棱大麦

大麦属具有独特的三联小穗结构（详见第二章）。

二棱大麦：三联小穗仅中间小穗结实，侧生小穗不能发育为颖果，麦穗呈扁平状。

二棱大麦在我国长江中下游地区栽培较多，特别是江苏、湖北、河南等省，是酿造啤酒的优质原料。

多棱大麦：三联小穗的 3 个小穗全部可以发育为颖果，麦穗呈现柱状多棱型。多棱大麦包括六棱大麦和四棱大麦。

多棱大麦在我国多地都有分布，除东北地区以外，其他地区通常将其用作饲料或直接食用。

品种

　　品种是指经过人工选育，形态特征和生物学特性一致，遗传性状相对稳定的植物群体。例如，江苏沿海地区农业科学研究所经过10多年的选育，育成了产量、麦芽品质、抗病性等综合性状优良的大麦品种，定名为"苏啤4号"。为了获得更高的产量和更好的收益，种植者要根据当地的气候与土壤情况，选择合适的大麦品种的种子播种。苏啤4号适合江苏省及黄淮地区大麦产区种植。

育种者在田间工作

大麦的起源

多数植物学家认为，大麦属在 1300 万年前从禾本科小麦种中分离出来。栽培大麦起源于中东、非洲东北部和我国的青藏高原。栽培大麦是由野生二棱大麦演化而来的。

考古发现，5000 年前，我国的青藏高原东部和黄河上游一带开始栽培大麦。最早栽培的是六棱裸大麦（青稞），然后是六棱皮大麦，最后是二棱大麦。

你能区分大麦与小麦吗？

它们的麦穗都是由穗轴和小穗组成，小穗中有小花，每朵小花可以发育成 1 个籽粒。

区别一：大麦每个穗轴节上有 3 个小穗（即三联小穗），每个小穗中只有 1 朵小花。而小麦每个穗轴节上只有 1 个小穗，每个小穗中有 3~5 朵小花。

区别二：一般大麦的芒较长，小麦的芒相对较短。

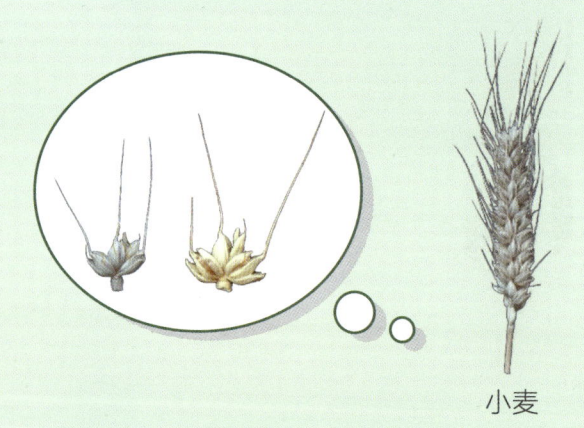

二棱大麦

小麦

多棱大麦

小麦的 1 个小穗（包括 3~5 朵小花）

大麦的 1 个三联小穗（含 3 个小穗），每个小穗内只有 1 朵花

顶端

横截面

正面　　　侧面

籽粒

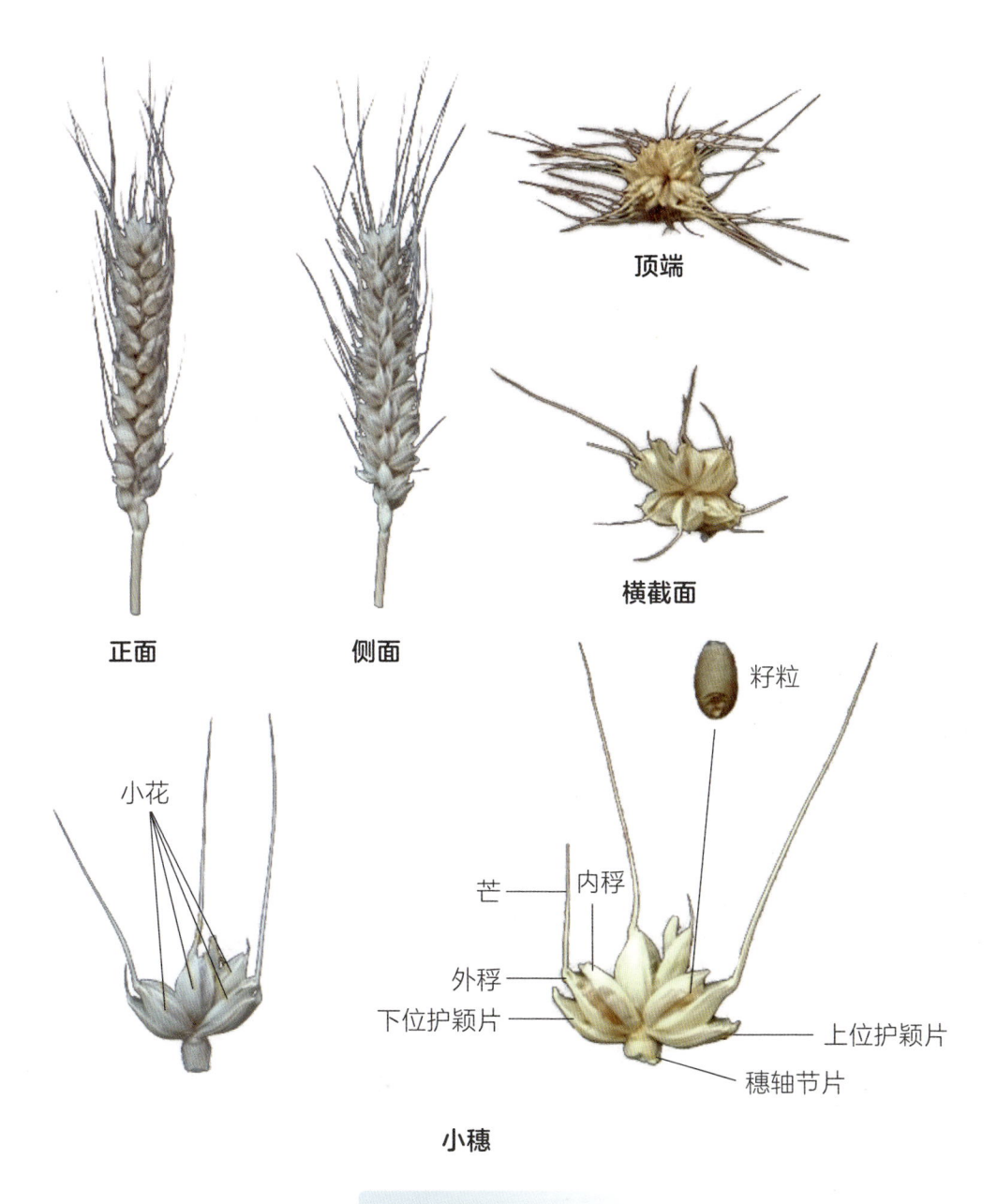

小花

芒　内稃

外稃
下位护颖片　　　　上位护颖片
　　　　穗轴节片

小穗

小麦麦穗结构示意图

大麦原来是这样的

起源久远的家族

011

大麦原来是这样的

多姿多彩的形态

大麦的一生

大麦的一个生命周期是从种子开始的，经萌发、生长、开花、结实，到收获新的种子结束。整个周期可以分为出苗期、幼苗生长期、分蘖期、拔节期、孕穗期、抽穗期、开花期、灌浆期、成熟期。

胚芽

干种子　　萌芽　　胚芽长出

015

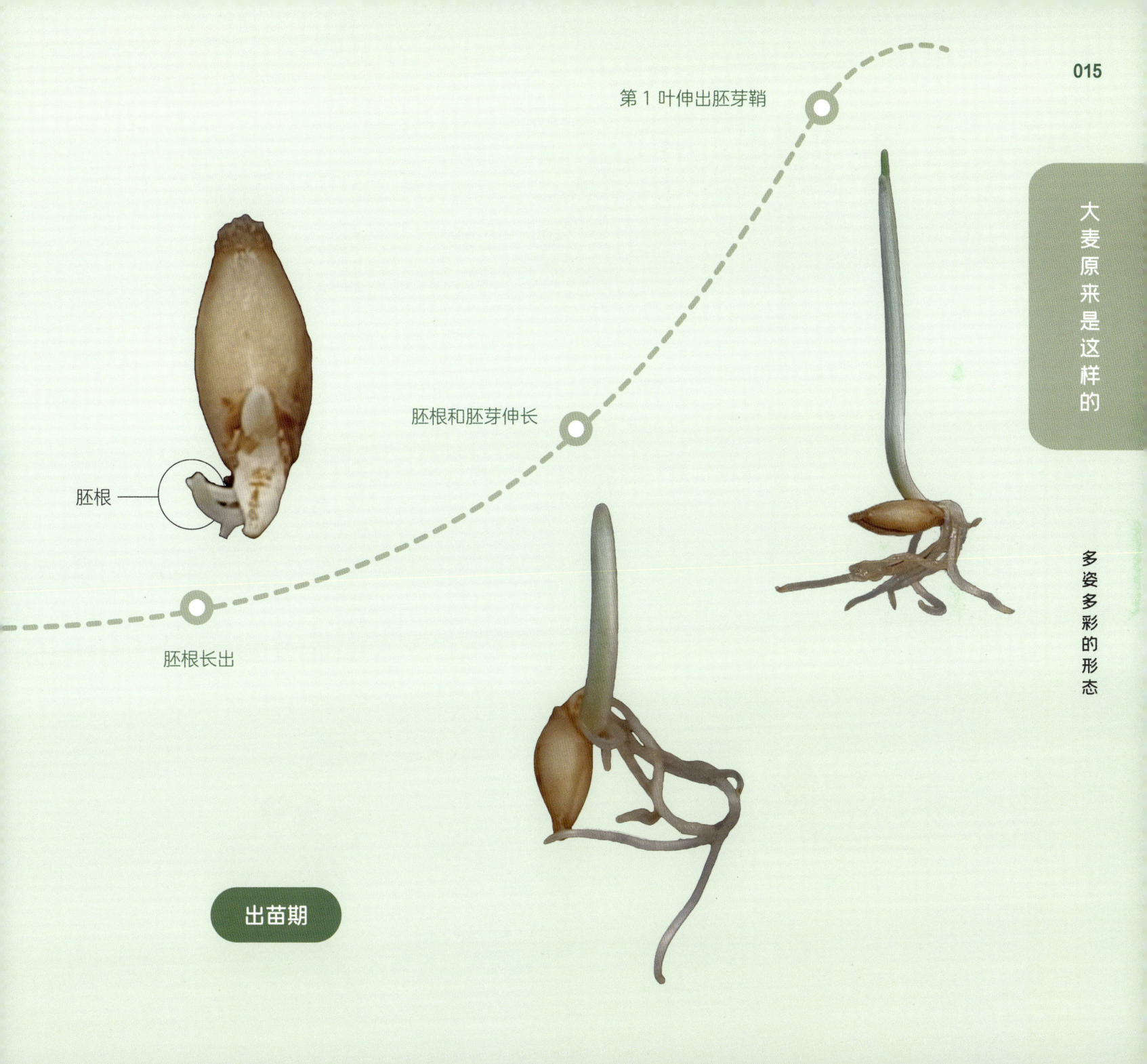

第 1 叶伸出胚芽鞘

胚根和胚芽伸长

胚根

胚根长出

出苗期

大麦原来是这样的

多姿多彩的形态

第1叶

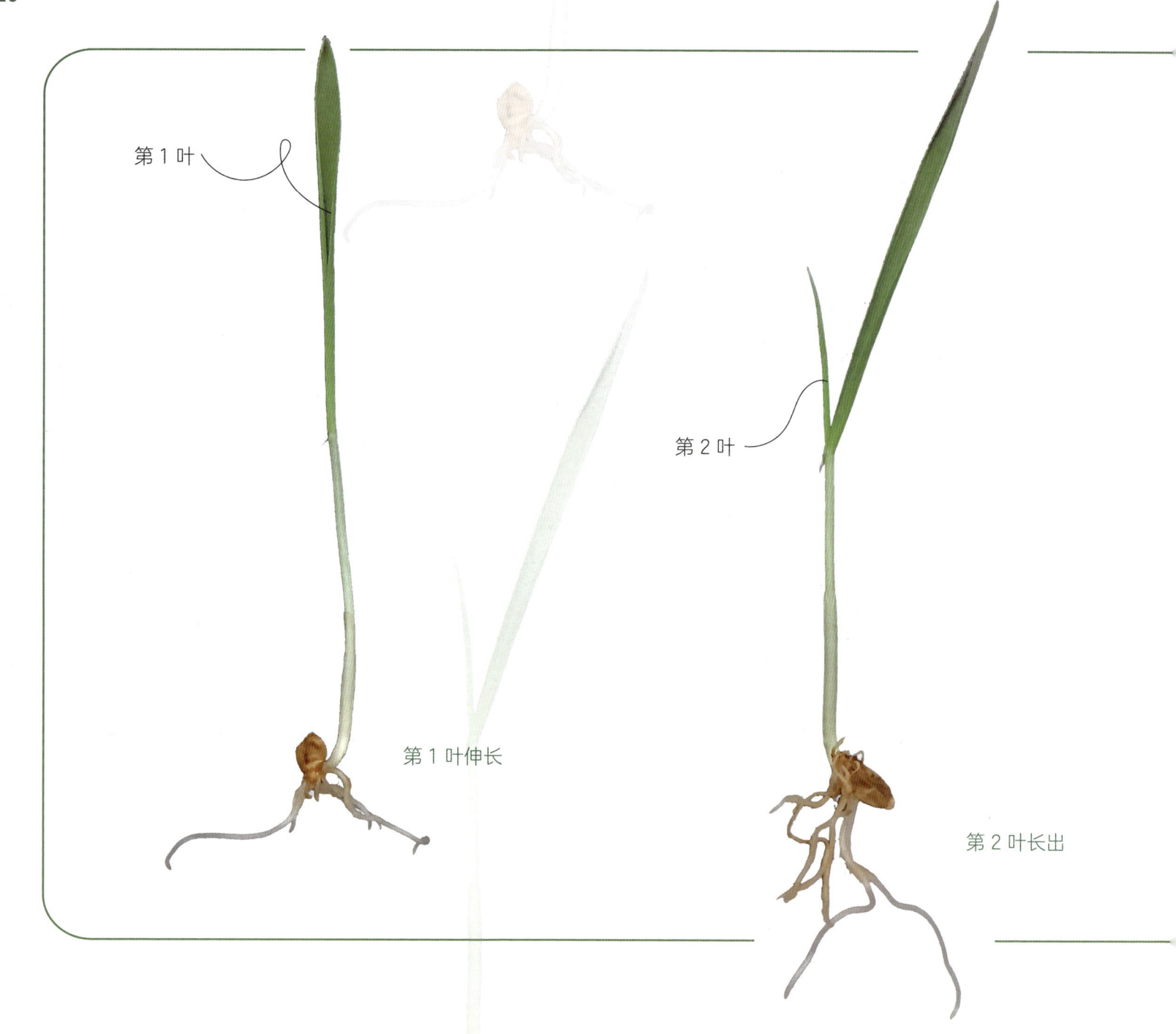

第2叶

第1叶伸长

第2叶长出

更多叶展开

幼苗生长期

分蘖期

分蘖一般开始于 3 叶期之后,在第 1 片叶的基部发生第 1 个分蘖。

第 1 个分蘖

019

◀ 第 2 个分蘖

▶ 更多分蘖

大麦原来是这样的

多姿多彩的形态

拔节期

基部节间伸长

节间

旗叶

节间不断伸长，旗叶叶舌出现

旗叶：大麦每个分蘖最上面的叶子称为旗叶。旗叶出现是植株即将进入孕穗期的标志。

大麦原来是这样的

多姿多彩的形态

孕穗期

芒可见

包裹着幼穗的旗叶叶鞘明显膨大

023

幼穗从旗叶叶鞘中抽出

大麦原来是这样的

多姿多彩的形态

抽穗期

开花期

大麦一般在抽穗后 1~2 天开花授粉,也有的在穗抽出前就开花授粉了。

水熟期

乳熟期

灌浆期

水熟期：籽粒迅速增大；含水量迅速增加，可达到 70% 以上，但干物质积累很少。
乳熟期：籽粒用手指可挤出乳白色的浆液。乳熟期是籽粒干物质大量积累的时期。

大麦原来是这样的

多姿多彩的形态

皮大麦

裸大麦

成熟期

成熟期的大麦茎杆枯黄，籽粒变硬。籽粒很难用手指指甲掰开，含水率下降到 20% 以下。

经过多年的人工栽培和选育，不同品种的大麦不仅在产量、品质、抗逆性等农艺性状上有了明显的改进，植物学形态也多姿多彩。这些植物学形态是区别品种的标志。

植株姿态

大麦植株在生长过程中姿态不断变化。在分蘖期，品种间的差异最为明显。

观测大麦植株姿态的时期很有讲究，可以在大麦有 5~10 个分蘖时，目测整个植株的匍匐程度。

直立
代表品种：浙农大 3 号

大麦原来是这样的

多姿多彩的形态

◀

中间型
代表品种：红日1号

◀

匍匐
代表品种：金瑞 AK-68

根

大麦的根属于须根系,由初生根和次生根组成。初生根是种子萌发时形成的,通常为5~7条;次生根从最基部的分蘖节上长出。大麦根系数量和分布与品种、土壤、水分和施肥等条件有关。

初生根

次生根

初生根

大麦原来是这样的

多姿多彩的形态

茎

大麦的茎呈圆筒形。茎由许多茎节和节间组成，着生叶的部位称为茎节，茎节实心。节与节之间的部位称为节间，节间空心。

一株大麦一般有 9~13 节，有的多达 16 节。在幼苗生长期，基部 1~3 节的叶腋里会长出分蘖，一株大麦可以长出几个到十几个分蘖。品种不同，主茎的茎节颜色可能会有差异。

大麦茎秆的高度依靠节间的伸长，各节间的长度自下而上依次递增，穗下节间最长。到开花期，节间的伸长停止。大麦茎秆的高度一般在 50~160 厘米。

茎节
节间
茎节

节间横截面

主茎茎节颜色

大麦茎节的颜色是由花青苷显色造成的。花青苷是一种水溶性色素，常见于花、果实以及茎叶的表皮中。花青苷显色作为一种形态标记可用于品种纯度鉴定及辅助育种选择。

茎节的颜色适宜在开花期观测。

绿色 ▲
代表品种：藏83062

极浅紫色 ▲
代表品种：龙中黄

浅紫色 ▲
代表品种：临海光头大麦

中等紫色 ▲
代表品种：秀麦3号

深紫色 ▲
代表品种：义乌二棱大麦

大麦原来是这样的

多姿多彩的形态

叶

大麦的叶由叶片、叶鞘、叶耳和叶舌组成。大麦的叶互生于茎的两侧，主茎上的叶数是大麦品种一个较为稳定的性状。

叶舌
叶耳
叶片
叶耳
叶鞘

叶片颜色

植物叶片呈现的颜色是叶片中各种色素的综合体现，是遗传和环境共同作用的结果。高等植物中影响叶片颜色的色素主要有三大类：叶绿素类、类胡萝卜素类、花青素类。这些色素的比例和对光的选择性吸收导致了叶片颜色的不同。叶片颜色在大麦有5~10个分蘖时差异明显，最适宜观察。

白绿相间
代表品种：浙条白麦1号

黄色
代表品种：浙大黄玉麦

浅黄色
代表品种：咸农01、浙黄麦1号

黄绿色
代表品种：浙条白麦 1 号

浅绿色
代表品种：上虞早大麦

中等绿色
代表品种：龙中黄

深绿色
代表品种：冬青 15 号

大麦原来是这样的

多姿多彩的形态

| 极窄 | 窄 | 中 | 宽 | 极宽 |

叶片宽度

不同品种大麦的叶片宽度不同,可以在大麦有 5~10 个分蘖时观测完全展开的叶片。

极窄
代表品种：鄂 91049 ◀

窄
代表品种：冬青 15 号 ▶

中
代表品种：乌二棱大麦 ◀

宽
代表品种：龙中黄 ▶

极宽
代表品种：藏 83062 ◀

大麦原来是这样的

多姿多彩的形态

要了解大麦叶鞘有无茸毛和叶鞘颜色的差异，可在分蘖期观测大麦靠近根部叶的叶鞘。

叶鞘茸毛

无茸毛 ▲
代表品种：早熟 3 号

有茸毛 ▲
代表品种：嵊县无芒六棱

叶鞘颜色

绿色 ▲
代表品种：冬青 15 号

浅紫色 ▲
代表品种：秀 9560

中等紫色 ▲
代表品种：草麦

深紫色 ▲
代表品种：鄂 91049

大麦原来是这样的

多姿多彩的形态

旗叶和它下面的倒二叶为籽粒灌浆提供主要的营养。各品种间旗叶的形态差异较大。

旗叶叶耳颜色

▶ 白色

绿色
代表品种：香川裸1号 ◀

粉色
代表品种：浙白麦1号 ◀

039

极浅紫色 ◀
代表品种：浙农大 3 号

浅紫色 ◀
代表品种：威 24

中等紫色 ◀
代表品种：秀麦 3 号

深紫色 ◀
代表品种：浙原 18

大麦原来是这样的

多姿多彩的形态

旗叶叶耳大小

小
代表品种：苏啤 12 号 ◀

中
代表品种：红日 1 号 ▶

大
代表品种：浙白麦 1 号 ◀

旗叶叶鞘蜡质

无
代表品种：浙蜡麦 1 号

弱
代表品种：上虞早大麦

中
代表品种：红日 1 号

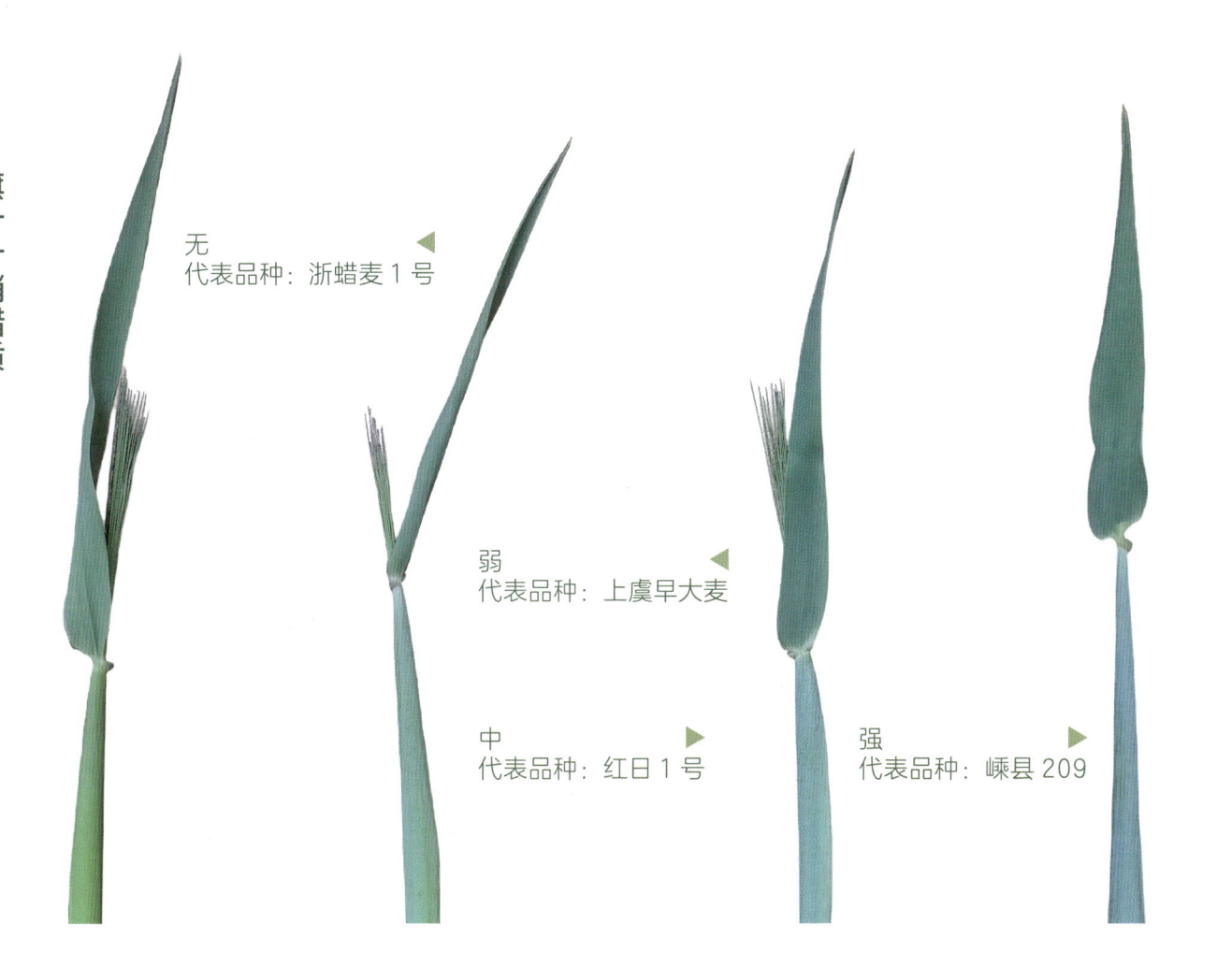

强
代表品种：嵊县 209

大麦原来是这样的

多姿多彩的形态

蜡质是指覆盖在植株表皮上的一层疏水亲脂性化合物。研究表明，植物通过调整蜡质组成和含量来增强自身对干旱、高温等逆境胁迫的抵抗能力。

旗叶叶耳的颜色、大小和叶鞘蜡质适宜在孕穗后期和抽穗前期观测。

花

大麦的花着生在颖片内，由 1 枚外稃、1 枚内稃、2 枚浆片（隐藏在内外稃基部）、3 枚雄蕊和 1 枚雌蕊组成。大麦是自花授粉植物，同一小穗花内的雄蕊和雌蕊同时成熟，从授粉到受精需要 4~5 小时。

开花时，有些品种内外颖张开，花药外露；有些品种闭颖授粉，花药不外露。

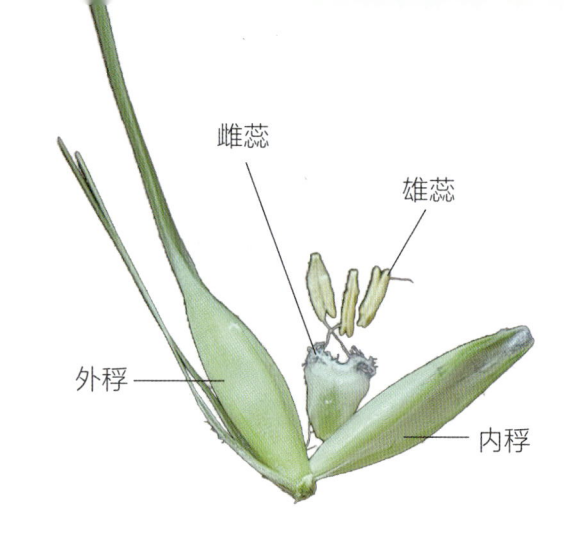

花药不外露 ▲
代表品种：早熟 3 号

花药外露 ▲
代表品种：秀 9560

穗

大麦的穗着生在茎秆顶部。穗由中间的穗轴和侧生的小穗组成。每个小穗都是一个变态的小枝，由2个颖片和1朵小花组成。大麦属植物有一个共同的特点，就是3个小穗并排着生在同一个穗轴节上。这3个小穗被称为"三联小穗"。二棱大麦的三联小穗只有中间小穗结实，成熟后的麦穗呈扁平状。多棱大麦所有小穗都可结实，成熟后的麦穗为柱状多棱，有时是四棱，有时是六棱。

大麦穗部的性状变化特别丰富，也是大麦育种者、生产者和消费者特别关注的性状。

小穗正面　小穗侧面 
→ 护颖的芒
→ 护颖

六棱穗
穗轴　穗轴第一节
穗横截面
正面　背面
三联小穗

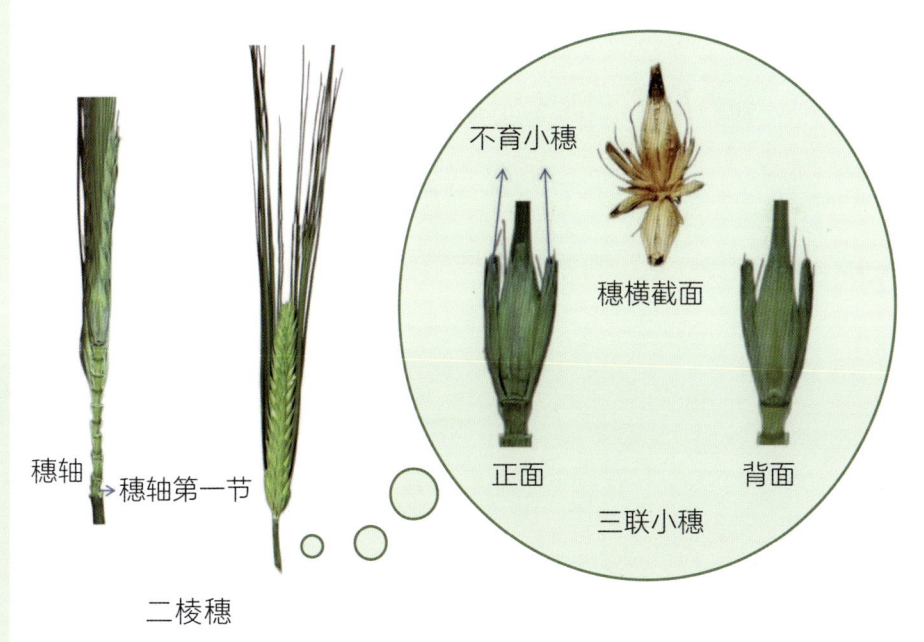

二棱穗
穗轴　穗轴第一节
不育小穗
穗横截面
正面　背面
三联小穗

大麦原来是这样的

多姿多彩的形态

穗蜡质

穗蜡质是穗外表面的蜡质层，差异在灌浆期表现最为明显。

无 ▲	弱 ▲	中 ▲	强 ▲
代表品种：浙蜡麦 1 号	代表品种：新民大麦	代表品种：红日 1 号	代表品种：秀麦 3 号

小穗颜色　　小穗颜色在乳熟期差异明显。

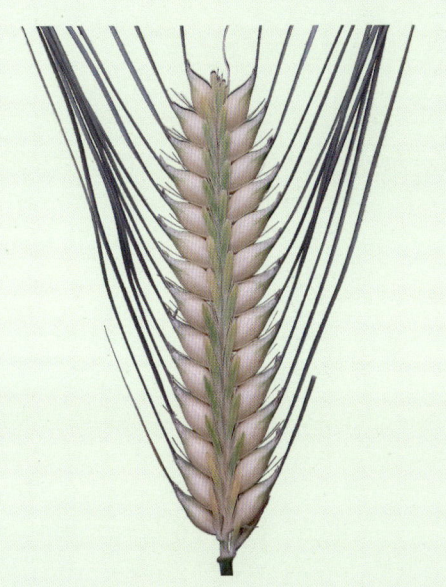

白色 ◀
代表品种：浙白麦1号

浅绿色 ▶
代表品种：嵊县209

大麦原来是这样的

多姿多彩的形态

046

浅紫色条纹 ▶
代表品种：甘啤 4 号

紫色条纹 ◀
代表品种：甘啤 3 号

紫色斑块 ▶
代表品种：丰农啤 1 号

紫色
代表品种：紫皮大麦 ◀

黑色
代表品种：苏饲麦 1 号 ▶

大麦原来是这样的

多姿多彩的形态

穗姿态

穗在成熟过程中,空中姿态会发生变化,或直立,或水平,或下垂。穗姿态在成熟期观测最佳。

直立 ▲
代表品种:浙矮麦 1 号

半直立 ▲
代表品种:K1

水平 ▲
代表品种:皖饲麦 3 号

弱下垂 ▲
代表品种:扬农啤 6 号

强下垂 ▲
代表品种:大麦 3019

极强下垂 ▲
代表品种:浙皮 8 号

穗形状

穗的形状在成熟过程中也会发生变化,在成熟期稳定下来。

锥形
代表品种:嵊县 209

柱形
代表品种:秀 9560

纺锤形
代表品种:浙原 18

大麦原来是这样的

多姿多彩的形态

穗长度

通常，测量大麦的穗长度不包含芒的长度。最长的成熟穗可达 11~12 厘米，最短的只有 4.5 厘米左右。

短	中	长
代表品种：米麦 114	代表品种：秀麦 3 号	代表品种：秀 9560
代表品种：长芒六棱露仁	代表品种：冬青 15 号	代表品种：藏 83062

小穗密度

不同品种的三联小穗在穗轴上排列的紧密度有差异。穗长和三联小穗密度影响每穗的粒数，每穗粒数是影响大麦籽粒产量的重要因素。通常，每穗粒数为 20~50 粒。

中
代表品种：浙原 18

疏
代表品种：S-096

密
代表品种：米麦 114

芒是外稃的顶端延长。在大麦开花期可以观察到芒的形态。

芒的形态

无芒 ◀
代表品种：嵊县无芒大麦、大罗锤

直芒 ▶
代表品种：红日1号

钩芒 ◀
代表品种：米老麦

其他 ▶
代表品种：沿海麦2号

芒顶端颜色

绿色 ▲
代表品种：苏农 684

浅紫色 ▲
代表品种：浙农大 3 号

中等紫色 ▲
代表品种：哈铁系 1 号

深紫色 ▲
代表品种：红日 1 号

大麦原来是这样的

多姿多彩的形态

芒长度

芒长度适宜在成熟期观测。

顶芒短于穗的长度	代表品种：哈铁系1号	代表品种：润青一号
顶芒与穗的长度相等	代表品种：苏农684	代表品种：义乌二棱大麦
顶芒长于穗的长度	代表品种：长芒六棱露仁	代表品种：紫皮大麦

更仔细地观察，大麦穗还有很多细小差异。

不育小穗分叉程度

这里特指二棱大麦，观察 2 个三联小穗相邻的不育小穗的分叉程度。

平行
代表品种：
浙农白壳

弱分叉
代表品种：
鄂 91049

强分叉
代表品种：
秀麦 3 号

穗轴第一节长度

短
代表品种：嵊县 209

中
代表品种：秀 9560

长
代表品种：S-096

穗轴第一节

穗轴第一节

穗轴第一节

大麦原来是这样的

多姿多彩的形态

穗轴第一节弯曲程度

弱
代表品种：新民大麦

中
代表品种：鄂 91049

强
代表品种：威 24

籽粒

籽粒的大小和饱满程度用千粒重（1000粒大麦籽粒的克数）表示。一般二棱大麦的千粒重为35~45克，六棱大麦为25~35克。同一类型裸大麦比皮大麦千粒重低。千粒重也是种子质量检验和新品种选育的重要指标。

裸大麦　　　　　　　　　　皮大麦

和其他禾本科植物一样，大麦籽粒是一个果实，它的种皮和果皮愈合，又称为颖果。

大麦原来是这样的

多姿多彩的形态

058

籽粒颜色

皮大麦

白色
代表品种：浙农白壳 ▲

黄色
代表品种：蒲大麦 4 号 ▲

紫色
代表品种：紫皮大麦 ◀

灰褐色
代表品种：浙彩大麦 1 号 ◀

黑色
代表品种：哈铁系 1 号 ◀

裸大麦

黄色
代表品种：长芒六棱露仁

紫色
代表品种：临海光头大麦

蓝色
代表品种：瓦蓝青稞

灰褐色

黑色
代表品种：润青一号

大麦原来是这样的

多姿多彩的形态

籽粒形状

裸大麦

卵圆形 ▲
代表品种：长芒六棱露仁

长卵圆形 ▲

纺锤形 ▲
代表品种：B11

皮大麦

卵圆形 ▲
代表品种：倍取 10 号

长卵圆形 ▲
代表品种：上虞早大麦

纺锤形 ▲
代表品种：红日 1 号

籽粒糊粉层

将籽粒浸泡 24 小时后剥去种皮,可观察到种皮下糊粉层的颜色。

- 稃皮
- 种皮
- 糊粉层
- 胚

大麦原来是这样的

多姿多彩的形态

籽粒糊粉层颜色

极浅
代表品种：浙农大 3 号

浅
代表品种：临海光头大麦

中
代表品种：倍取 10 号

深
代表品种：义乌二棱大麦

籽粒质地

籽粒质地简称粒质，根据籽粒胚乳中玻璃质所占比例，可划分为硬质、半硬质和软质。籽粒质地是一种重要的品质性状。籽粒质地较软的淀粉含量高，吸水性好，易于分解，适于酿造啤酒；籽粒质地较硬的大多用作饲料。

硬质
代表品种：米麦 114

半硬质
代表品种：龙中黄

软质
代表品种：冬青 15 号

仔细观察籽粒

观察小穗护颖（包括芒）相对于籽粒的长度

籽粒 / 芒 / 护颖

短于
代表品种：
嵊县 209

等于
代表品种：
浙农大 3 号

长于
代表品种：
红日 1 号

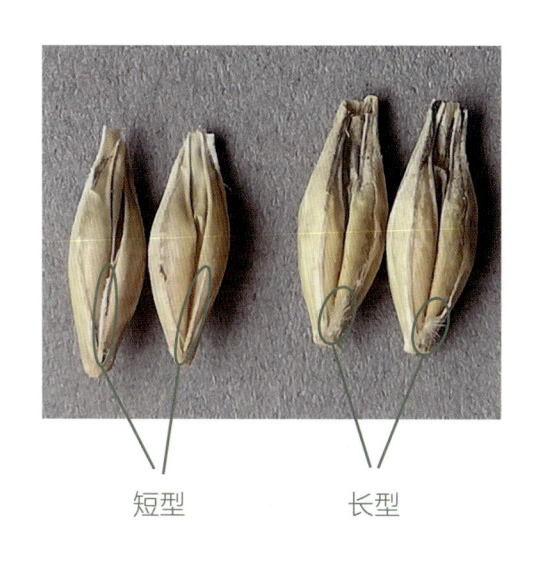

籽粒上小穗轴茸毛

短型 / 长型

短型
代表品种：
鄂大麦 538

长型
代表品种：
创大麦 43

籽粒竖切面

胚乳 / 胚 / 小穗轴

大麦原来是这样的

多姿多彩的形态

大麦原来是这样的

分布广泛的种植

地理分布

大麦在全球分布广泛，从北纬70°的挪威，到南纬50°的阿根廷都有栽培。青藏高原是世界粮食作物地理分布的最高限，这里也有大麦种植。全球大麦常年种植面积在5000万公顷左右，总产量约1.5亿吨，仅次于小麦、水稻和玉米，居第四位。2022年，大麦常年播种面积在100万公顷以上的国家有俄罗斯、澳大利亚、土耳其等。

大麦因其早熟、生育期短、抗逆性强并有多种用途，在全国大部分地区都有种植。20世纪初，我国大麦种植面积高达8000千公顷，占世界总面积的23.6%，此后逐年下降，近几年有所回升，2022年全国大麦播种面积为560.2千公顷。

江苏省曾是国内大麦的主要产区。黑龙江省由于国内啤酒工业的发展和对大麦原料的需求，曾经有较大种植面积，近年来，啤酒大麦的种植面积明显下降。目前，我国大麦的主要产区集中在西部地区。

2022年大麦常年播种面积大于100万公顷的国家
单位：万公顷

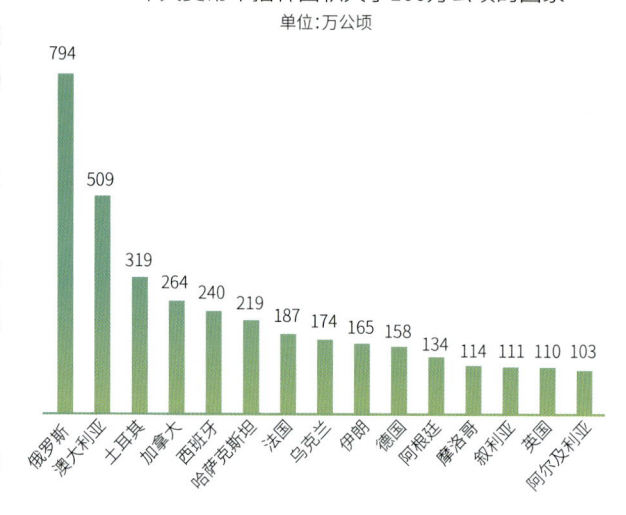

国家	面积
俄罗斯	794
澳大利亚	509
土耳其	319
加拿大	264
西班牙	240
哈萨克斯坦	219
法国	187
乌克兰	174
伊朗	165
德国	158
阿根廷	134
摩洛哥	114
叙利亚	111
英国	110
阿尔及利亚	103

2022年全国大麦产量（万吨）：全国、西藏、云南、青海、江苏、四川、甘肃、其他

2022年全国大麦播种面积（千公顷）：全国、西藏、云南、青海、江苏、四川、甘肃、其他

20世纪80年代，我国的农业专家将全国大麦种植划分为3个大区和12个生态区。大麦区划的目的是为了更好地适应不同地区的气候、土壤等条件，科学指导大麦生产。

大区	生态区	特点	主要用途	品种
裸大麦区	青藏高原裸大麦区	西藏、青海以及甘肃和四川的西部,大麦(青稞)的种植面积占全区粮食播种面积的70.58%,大多分布在海拔2200~4750米范围内。该区域属高原气候,阴湿冷凉,昼夜温差大,一般无霜期短。种植品种以多棱裸大麦为主,籽粒大、颜色深	主粮	北青6号 北青8号 藏青17 阿青5号 迪青1号 迪青2号 ……
春大麦区	东北平原春大麦区 晋冀北部春大麦区 西北春大麦区 内蒙古高原春大麦区 新疆干旱荒漠春大麦区	该区域春季播种。生长季节日照长、昼夜温差大,对籽粒碳水化合物的积累有利,千粒重高。西北地区,天气晴朗,有黄河水、祁连山和天山雪水灌溉大麦。啤酒大麦籽粒色泽光亮,皮薄色浅,发芽率高,是我国优质啤酒大麦生产潜力较大的基地。东北平原,地域广阔,土壤肥沃,7月下旬进入雨季,适合种植早熟品种,也是我国比较好的啤酒大麦基地之一	酿制啤酒	垦啤麦8号 垦啤麦9号 垦啤麦13 垦啤麦14 垦啤麦15 垦啤麦16 龙啤麦3号 龙啤麦4号 ……
冬大麦区	黄淮冬大麦区 秦巴山地冬大麦区 长江中下游冬大麦区 四川盆地冬大麦区 西南高原冬大麦区 华南冬大麦区	该区域曾经是我国大麦的主要产区。秋季播种。黄淮冬大麦区历史上就有种大麦的习惯,是我国啤酒大麦的种植基地之一;长江流域、四川盆地以南地区,大麦主要用作饲料;江苏的淮河以北和盐城地区,大麦籽粒色泽比较好、千粒重较高,也是比较理想的种植啤酒大麦的基地	酿制啤酒 饲料 杂粮	甘啤4号 甘啤5号 甘啤6号 甘啤7号 鄂大麦072 云大麦2号 澳选3号 苏啤3号 苏啤4号 扬农啤5号 扬农啤6号 浙啤33 ……

优良品种

我国大麦的品种选育是从 20 世纪开始的。

20 世纪 50 年代，开始整理筛选农家品种。

20 世纪 60 至 70 年代，采用杂交和辐射育种技术选育新品种。这一阶段的育种目标是高产、抗病，以解决当时的温饱问题。

1980—2000 年，随着生活水平的提高，以及啤酒产业和畜牧业的发展，我国开始了啤酒大麦、饲料大麦和食用青稞的育种。

2000 年以后，大麦育种水平和技术手段显著提高，重点针对啤酒、饲料、饲草和食用等不同商业加工消费的品质需要，开启了大麦多元专用品种选育。该时期育成了一批粮草双高的青稞品种，饲用大麦的品质和综合性状不断提高，啤酒大麦的啤用品质达到国外同类品种的先进水平。

2000 年至今，我国大麦品种保护授权 150 个。自 2017 年实行品种登记制度以来，至 2024 年 6 月，登记大麦品种 290 个。

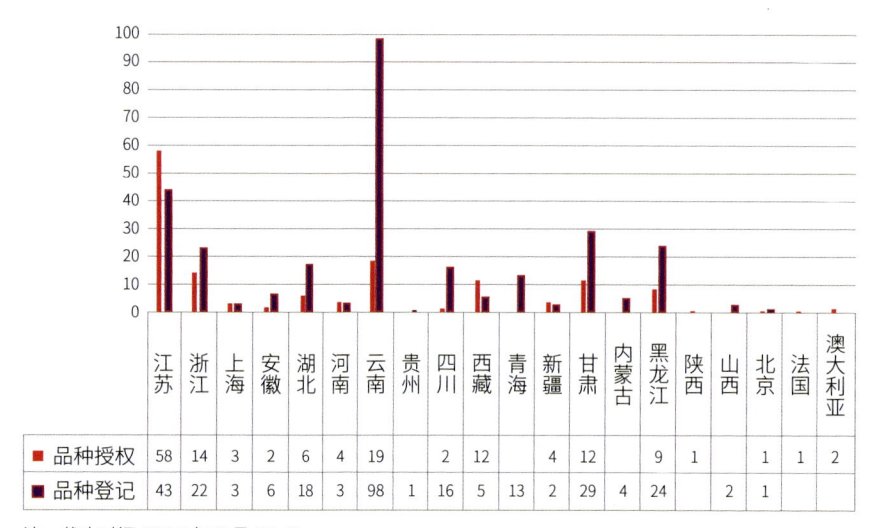

	江苏	浙江	上海	安徽	湖北	河南	云南	贵州	四川	西藏	青海	新疆	甘肃	内蒙古	黑龙江	陕西	山西	北京	法国	澳大利亚
品种授权	58	14	3	2	6	4	19		2	12		4	12		9	1		1	1	2
品种登记	43	22	3	6	18	3	98	1	16	5	13	2	29	4	24		2	1		

注：截止时间 2024 年 6 月 21 日。

品种选育

品种选育是通过各种技术手段，对现有的品种进行改良和创新，育成一个新品种的过程。一般需要大量的育种材料储备和丰富的育种经验，并经过 8~10 年的杂交和选择，才可能育成一个新品种。

专用品种

专用品种是指能满足使用者或消费者特殊需求的品种。例如，饲用大麦，需要检测其粗蛋白、淀粉等的含量，选择相对饲用价值（RFV）、相对粗饲料品质、每吨干物质可产生的牛奶重量高的品种。啤用大麦，需要麦芽无水浸出率、蛋白质含量、α-氨基氮、糖化力、库尔巴哈值等达到一定的标准。作为杂粮食用的大麦，则对其商品性和口感有要求，β-葡萄糖等功效成分高的品种更受欢迎。

品种保护

我国实行植物新品种保护制度。对国家植物品种保护名录内经过人工选育或者发现的野生植物加以改良，具备新颖性、特异性、一致性、稳定性和适当命名的植物品种，由国务院农业、林业主管部门授予植物新品种权，保护植物新品种权所有人的合法权益。也就是说，育成新品种后，育种者可以主动申请国家授予的新品种权。获得品种权后，任何人未经育种者许可不得将这个品种用于生产、繁种和销售等商业行为。育种者可以自行或者许可他人推广应用这个品种，并获取经济利益。新品种保护制度保护育种者的权益，鼓励种业科技创新。

品种登记

我国对部分非主要农作物实行品种登记制度，列入非主要农作物登记目录的品种在推广前应当登记。目前，大麦属于非主要农作物，新品种需要通过农业农村部的品种登记，才可以在生产上大面积推广应用。

垦啤麦 9 号

选育单位：黑龙江省农垦总局红兴隆农业科学研究所。品种授权号：CNA20080552.5。

啤用。六棱皮大麦。幼苗半匍匐，株高 90~95 厘米，穗长方形，有芒，千粒重 40 克左右，容重 760 克/升。蛋白质含量 11.2%~12%，麦芽无水浸出率 79%~80%，库尔巴哈值 43%~50%，糖化力 330~390WK。在适应种植区出苗至成熟的生育日数为 78 天。

推广地区：内蒙古自治区。

甘啤 4 号

选育单位：甘肃省农业科学院经济作物与啤酒原料研究所。品种登记编号：GPD 大麦（青稞）(2020)620052。

啤用。二棱皮大麦。幼苗半匍匐，叶色深绿，株高 75~80 厘米；茎秆黄色，地上茎 5 节，穗茎节较长，弹性好；叶片开张角度大，冠层透光好；抽穗时株型松紧中等，穗全抽出，闭颖授粉，穗长方形；灌浆后期穗轴略有弯曲，穗层整齐，穗长 8.5~9.0 厘米；穗粒数 22 粒左右，疏穗型，千粒重 45~48 克。一般密度条件下，单株有效分蘖 2.5~3.0 个，长芒，黄色有锯齿，粒色淡黄，种皮薄、粒径大、皱纹细腻，籽粒纺锤形，饱满、粉质。生育期 100~105 天，属中熟品种。

推广地区：甘肃省、内蒙古自治区、新疆生产建设兵团、宁夏回族自治区。

甘啤 5 号

选育单位：甘肃省农业科学院经济作物与啤酒原料研究所。品种登记编号：GPD 大麦（青稞）(2020)620053。

啤用。春性，二棱皮大麦。幼苗半匍匐，叶色深绿，株高 70~85 厘米；茎秆黄色，地上茎 5 节，茎秆粗壮，基部节间较短，穗下节长，弹性较好；叶片开张角度大，冠层透光好，抽穗时株型松紧中等，穗全抽出，闭颖授粉，穗长方形；灌浆后期茎弯曲，穗层整齐，穗长 6.7~8.6 厘米；穗粒数 19.9~24.4 粒，疏穗型，千粒重 43.5~48.0 克，长芒，黄色锯齿，粒色淡黄，种皮薄、粒径大、皱纹细腻，籽粒椭圆形，饱满、粉质。生育期 114~116 天，属早熟品种。

推广地区：甘肃省、云南省。

澳选 3 号

选育单位：云南省农业科学院生物技术与种质资源研究所、沾益县农业局、中国农业科学院作物科学研究所、嵩明县种子管理站。品种登记编号：GPD 大麦（青稞）(2018)530032。

啤用。弱春性，二棱皮大麦。叶色深绿，株高 76 厘米；茎秆黄色，细而弹性好、抗逆性强。株型紧凑，穗全抽出，穗层整齐，穗长 5.8 厘米；叶清秀抗病，叶片窄小、上举；粒色淡黄，皮薄有光泽，籽粒椭圆形，饱满、粉质，千粒重 42 克。前期生长缓慢，幼穗分化时间长，籽粒灌浆快，落黄好，易脱粒，适应性强；籽粒大而均匀，品质好。全生育期 166 天。

推广地区：云南省。

苏啤 3 号

选育单位：江苏沿海地区农业科学研究所。品种登记编号：GPD 大麦（青稞)(2017)320020。

啤用。弱春性，二棱皮大麦。幼苗半匍匐，分蘖性强；叶片中等大小、叶色浓绿；穗层整齐度较好，茎秆粗壮、抗倒伏。在盐城地区 10 月 30 日前后播种，翌年 4 月上中旬抽穗，5 月下旬成熟，生育期一般为 205 天。成穗率高，亩穗数达 50 万以上。高抗大麦黄花叶病。

推广地区：江苏省、河南省、上海市。

花 11

选育单位：上海市农业科学院生物技术研究所。品种登记编号：GPD 大麦（青稞）(2018)310061。

啤用。春性，二棱皮大麦。叶片细卷、上举，呈半螺旋状卷曲；叶色深绿，叶舌、叶耳淡黄，株型紧凑，芒长 10 厘米，易脱粒。株高 82 厘米左右，每穗实粒 26 粒，千粒重 41 克。强蘖多穗，皮薄出苗快。2 叶 1 心时有 40% 胚芽鞘分蘖，分蘖成穗率达 60%，每亩有效穗可达 65 万。矮秆抗倒，根系发达，灌浆后期根系活力强，在每亩有效穗 65 万高密度群体下也不易倒伏。抗逆性强，高抗白粉病，中抗赤霉病、条纹叶枯病，耐大麦黄花叶病，轻度感染网斑病，耐湿性强，空瘪率低。

推广地区：上海市、江苏省。

苏啤 6 号

选育单位：江苏沿海地区农业科学研究所。品种授权号：CNA20080409.x。品种登记编号：GPD 大麦（青稞）(2017)320021。

啤用。二棱皮大麦。分蘖性强，成穗率高，亩有效穗为 55 万~65 万，冬季冻害较轻。株高适中，籽粒上细皱纹多，皮壳薄，麦芽品质性状好。穗大粒多，每穗 22~26 粒，千粒重 42 克左右。抗大麦黄花叶病和赤霉病。

推广地区：江苏省。

扬农啤 5 号

选育单位：扬州大学。品种登记编号：GPD 大麦（青稞）(2017)320009。

啤用。弱春性，二棱皮大麦。幼苗直立，叶色较绿，主茎总叶片为 11 张，株型紧凑，分蘖性强；成穗率高，亩有效穗为 50 万~55 万，每穗实粒数 24 粒左右，千粒重 40 克左右，籽粒外观品质及内在品质优。株高 85 厘米左右，耐肥抗倒性强，全生育期 198 天左右。穗层整齐，熟相好。

推广地区：江苏省。

浙啤 33

选育单位：浙江省农业科学院、嘉兴市农业科学研究院。品种授权号：CNA20090423.6。品种登记编号：GPD 大麦（青稞）(2018)330064。

啤用。春性，二棱皮大麦。苗期生长旺，叶片微卷，叶色浓绿，旗叶宽，株型紧凑，茎秆粗壮，抗倒性好，乳熟期外稃有小紫筋，耐湿性强，易脱粒。根据浙江省大麦品种比较试验结果，该品种全生育期 174.5 天，株高 76.8 厘米，每亩基本苗 14.83 万，亩有效穗 36.01 万，每穗实粒数 26.7 粒，千粒重 42.21 克。

推广地区：浙江省。

北青 6 号

选育单位：青海省海北藏族自治州农业科学研究所。品种登记编号：GPD 大麦（青稞）(2017)630032。

粮用。春性，四棱裸大麦。幼苗直立，叶色绿，叶耳白色，叶姿平展。分蘖力中等。株型半松散，株高 101~111 厘米。茎秆黄色，弹性中，蜡粉中；茎节数 5 节，穗下节长 31.7~39.5 厘米。穗全抽出，闭颖授粉，穗脖弯垂，穗部半弯；穗长方形，疏穗，穗长 5.5~6.9 厘米。颖壳黄色，外颖脉黄色，窄护颖，长芒、有齿。籽粒黄色、卵圆形。穗粒数 42.00±7.00 粒，千粒重 43.33±0.31 克。该品种抗旱性中，抗倒伏，较抗条纹病。

推广地区：甘肃省、青海省。

藏青 2000

选育单位：西藏自治区农牧科学院农业研究所。

粮用。春性，四棱裸大麦。幼苗直立，叶片浅绿色，分蘖力较强，株型松散，分蘖成穗率高。灌浆期穗脖自然弯曲下垂，茎秆金黄。株高 98~120 厘米，穗长方形，长齿芒，穗长 7~8 厘米；穗粒数 50~55 粒，籽粒黄色，硬质，千粒重 45~48 克。抗倒伏。生育期 125~135 天。

推广地区：西藏自治区。

藏青 3000

选育单位：西藏自治区农牧科学院农业研究所。品种登记编号：GPD 大麦（青稞）(2022)540011。

粮用。春性，六棱裸大麦。幼苗半匍匐，分蘖性强；叶色深绿，叶片蜡质多，叶姿直立，叶耳绿；株型紧凑，植株高杆，平均株高 115.7 厘米。穗芒长直齿，平均穗长 7.72 厘米；单株穗数 2.3 个，每穗结实 44.8 粒，千粒重 45.4 克；籽粒大、黄色、椭圆形。生育期 118 天。

推广地区：西藏自治区。

保大麦 8 号

选育单位：保山市农业科学研究所。品种登记编号：GPD 大麦（青稞）(2017)530012。

饲用。春性，四棱皮大麦。幼苗半匍匐，分蘖力强，株型紧凑整齐，植株基部和叶耳紫红色，乳熟时芒紫红色。长粒、长芒，粒色浅白。株高 90 厘米左右，穗长 6.3 厘米。基本苗每亩（约等于 667 平方米）16 万~18 万株时，有效穗 35 万穗/亩左右，穗实粒数 40 粒左右，千粒重 36 克左右。籽粒蛋白质含量为 14.3%。全生育期 155 天，抗倒性中等，抗寒性、抗旱性好，高抗锈病，中抗白粉病和条纹病。

推广地区：云南省。

云大麦 1 号

选育单位：云南省农业科学院粮食作物研究所。品种登记编号：GPD 大麦（青稞）(2020)530010。

饲、啤兼用。弱春性，六棱皮大麦。幼苗半直立，分蘖力中上等，叶色翠绿，株型紧凑，茎秆中粗，整齐度好，熟相好，成熟时穗低垂。株高 89 厘米。长芒，白壳，每穗粒数 48 粒，千粒重 40.3 克。生育期 155 天。

推广地区：云南省。

东麦 3 号

选育单位：如东县种子有限公司。品种登记编号：GPD 大麦（青稞）(2017)320006。

粮、饲兼用。弱春性，二棱皮大麦。幼苗半直立，叶色深绿，分蘖性较强，株高 90 厘米左右，茎秆弹性好；成穗率较高，一般每亩有效穗为 50 万~55 万，长芒，穗长方形，每穗实粒数 27 粒左右，千粒重 40 克左右，着粒密度稍稀；籽粒卵圆形，皮壳薄，色泽较浅，光泽较好，籽粒均匀，腹沟浅。中熟，熟相较好。抗寒性较强，适宜冬大麦区种植。高抗大麦黄花叶病和白粉病，条纹病、赤霉病轻。耐肥抗倒能力较强。

推广地区：江苏省。

栽培技术

栽培季节

各地的生态条件差异决定了大麦的播种期不同。在有些地区是春天3—4月播种，7—8月收获；而另一些地区则是秋季9—11月播种，翌年春天3—5月收获。

江苏省属长江中下游冬大麦区，每年10—11月播种，第二年5月采收，生育期为170~190天。合理安排茬口，选用适宜品种，可与水稻、玉米、大豆、花生、甘薯、瓜类等作物轮作。

甘肃省的大部分地区属西北春大麦区，每年3—4月播种，7—8月收获。

在青藏高原，短暂的春季是大麦播种的关键时期，需要根据天气确定播种的"窗口期"。

品种

根据需要选择适合的品种。适合江苏省种植的饲用大麦品种有扬饲麦3号、盐麦7号；啤用大麦品种有扬农啤7号、扬农啤14号、苏啤6号；粮、饲兼用品种有东麦3号。

土壤

选择地势平坦、耕作层深厚肥沃，没有重金属超标或其他污染的土壤种植大麦。提前机械深耕，施足底肥，播种前再耙细整平。

播种

购买合格的商品种子播种。播种前选晴天晒种1~2天。10—11月，土壤温度在10~20℃时皆适宜播种。播种量一般为135~180千克/公顷，基本苗控制在225万株/公顷左右为宜。通常采取低畦开沟条播为主，推广机械化播种。如天气干旱，播种后必须浇灌。

管理

肥水管理

大麦应重施基肥，早施苗肥，适时追施拔节肥。耕地时施足基肥，基肥以肥效持久和肥效稳定的有机肥为主，同时搭配适量的速效氮肥。在3叶期根据苗情追施苗肥，以氮肥为主。之后根据苗情追施拔节肥。抽穗后可根外追施磷、钾等叶面肥，以促进籽粒饱满，增加淀粉含量，提高啤酒大麦的品质。

大麦的耐湿性较差。在南方多雨地区要开好田内沟和田外排水沟，做好排涝、防渍工作；但在北方大麦产区应根据土壤含水量适时灌溉补水。

病虫草害管理

大麦生长期间，主要病虫害有散黑穗病、坚黑穗病、黄花叶病、赤霉病、网斑病、白粉病，红蜘蛛、蚜虫等，防治方法与小麦相同。南方冬大麦区冬季温暖，土质黏湿，草害严重，必须及时除草，可中耕除草与化学除草相结合。

收获

根据成熟度适时采收。一般在成熟后期采收，啤用大麦因品质需要，应适当晚收。

大麦原来是这样的

日益重要的价值

酿造啤酒

大麦是啤酒的主要原料，对啤酒的度数、风味和品质有直接的影响。

用于酿造啤酒的大麦一般是皮大麦。皮大麦与小麦相比多了层谷壳，谷壳可以使酿造过程更加可控，并起到过滤的作用。

麦芽可以用来酿制其他酒精饮料，如威士忌，或做咖啡替代品，也可以用作食品添加剂。麦芽汁可以用来给牛奶饮品和蛋糕调味。

啤酒酿造过程：

制麦 大麦通过浸泡、发芽、烘干转化成麦芽的过程称作制麦。通过制麦，大麦籽粒的组织结构发生变化，酶的活性提升，从而使淀粉和蛋白质更易提取。

糖化 麦芽中的淀粉被大麦自身的淀粉酶分解转化成糖。

发酵 在酵母的作用下，糖被转化成酒精和二氧化碳。

在酿制过程中，尽管有很多的营养和风味物质转化产生，但是还需通过加入啤酒花调节风味。

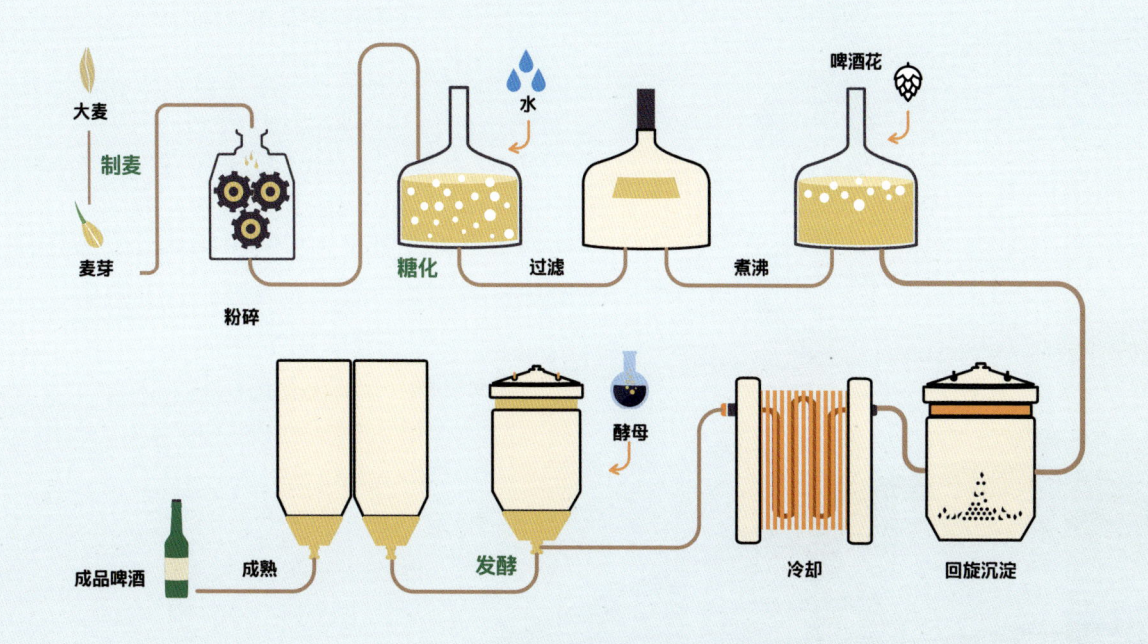

啤酒是世界上消费量最大的酒精饮料。啤酒富含氨基酸、大麦 B 族维生素、烟酰胺等丰富的营养成分，酒精度范围在 2.5%~7.5%(V/V)。其饮用人群非常广泛，有"液体面包"的美称。

我国是世界上最大的啤酒生产国和消费国。啤用大麦的使用量为每年 500 万~530 万吨，但国产啤用大麦的年产量只有 90 万~120 万吨，缺口依赖从澳大利亚等国进口。我国正在加快啤用大麦的育种并扩大种植面积，同时采用《啤酒大麦》(GB/T 7416—2008) 规范啤用大麦的收购、检验与销售，并不断提升国产啤用大麦的酿造品质。

优质饲料

大麦作为饲料，成本低、稳定性好、耐储存，具有和玉米相当的营养价值。

籽粒饲料 大麦籽粒的蛋白质、氨基酸、蜡质型类脂等含量均高于玉米，是牛、猪等家畜和家禽的优质能量饲料。籽粒中较高的粗纤维含量可以通过科学处理得到改善。

发芽饲料 大麦可用于调制发芽饲料。大麦发芽后，甜味增加，且含有维生素，可以起到调味和补充维生素的作用，增加饲料适口性。

青贮饲料 在乳熟后期收割大麦鲜草，切段、密封、发酵后制成青贮饲料。主要用于喂养奶牛等反刍动物。大麦鲜草也可作为早春的青饲料，为泌乳母牛提供优质营养。

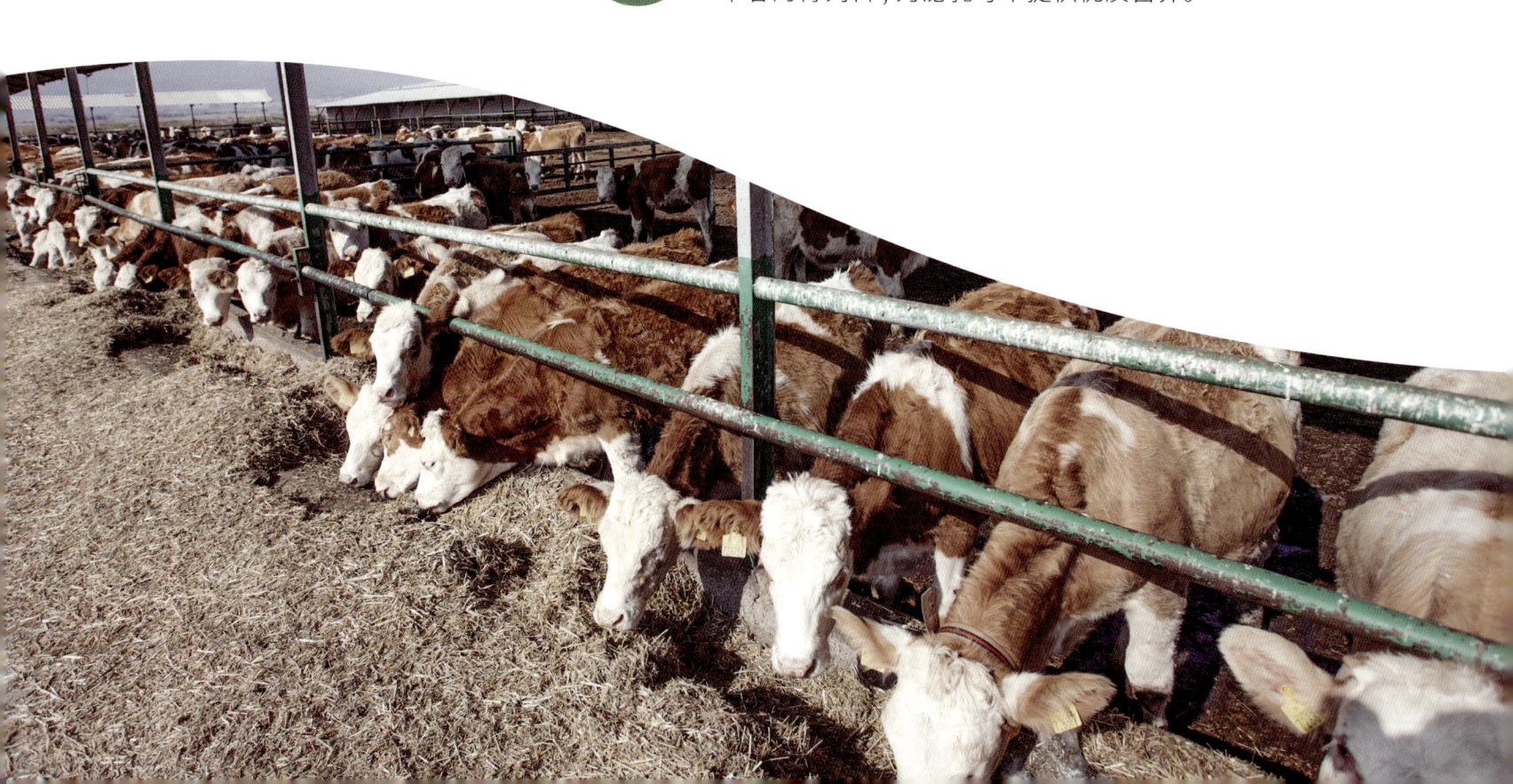

此外，大麦的秸秆、麸皮、酿制啤酒的下脚料都可以用作饲料，可直接饲用或与其他饲料复配使用。

在欧洲、北美和澳大利亚，大麦是牲畜的主要饲料。20世纪40至70年代，由于畜牧业的需要，大麦产业发展迅猛，全球播种面积从6.8亿亩增加到14.8亿亩。尤其是畜牧业发达的澳大利亚，播种面积扩大了近10倍。

我国南方将大麦籽粒用于养猪的产仔期和育肥期。在育肥期增加饲料中大麦籽粒的比例，可使猪肉脂肪硬度大、熔点高，瘦肉多，肉质好。我国著名的"金华火腿"，就是用大麦饲养的当地优良猪种的猪肉腌制而成。

传统药材

将成熟的大麦籽粒浸泡催芽后晒干,就是中药中的"麦芽"。中医认为,麦芽性味甘、平,归脾、胃经,有消食、回乳的功效。

麦芽能帮助消化淀粉性食物,常与山楂、神曲、鸡内金等配伍同用。用于食积不化,消化不良,不思饮食,脘闷腹胀等征。

麦芽有回乳的功效。可用生麦芽和炒麦芽各 30~60 克,煎汁服用。用于妇女断乳或乳汁郁积所致的乳房胀痛等征。

明朝药学家李时珍在《本草纲目》中记载，大麦的性味为"咸，温，微寒，无毒。为五谷长，令人多热"。主治"消渴除热，益气调中。补虚劣，壮血脉，益颜色，实五脏，化谷食，止泄，不动风气。久食，令人肥白，滑肌肤"。

附方

- **大麦散**：大麦 30 克，微炒研末，每次 6 克，温开水送下。源于《肘后方》。本方有消食下气的作用，用于饮食过度，烦闷胀满，但欲卧者。
- **大麦姜汁汤**：大麦 100 克，煎汤取汁，加入生姜汁、蜂蜜各一匙，搅匀，饭前分 3 次服。源于《圣惠方》。本方以大麦利小便，用生姜汁、蜂蜜有解毒之意。用于卒然小便淋涩疼痛，小便黄。
- **大麦粥**：大麦 30~60 克，加水煮成稀粥，分 2~3 次食，配合药方，起辅助治疗作用。源于《金匮要略》。正如《长沙药解》所述："大麦粥，《金匮》硝矾散用之治女黑疸，以其利水而泄湿也；白术散用之治妊娠作渴，以其润肺而生津也。""大麦粥利水泄湿，生津滑燥，化谷消胀，下气宽胸，消中有补者。"

日益重要的价值

营养膳食

随着人们健康意识的不断提升,对饮食的要求逐渐提高,人们希望食品在提供营养和风味的基础上,能含有更多对人体健康有益的物质,从而更好地调节人体机能。大麦也因此再度受到公众的重视和喜爱。

富含膳食纤维(DF)

大麦中的膳食纤维含量较高,尤其是含有丰富的可溶性膳食纤维,如 β-葡聚糖。早在 2006 年,美国食品及药品管理局(FDA)发布了一份健康声明,认为食用大麦有益于心脏健康,并且可以降低人体血液中的胆固醇水平及糖尿病患者的血糖(血糖指数)。

西藏自治区人均年消费约 155 千克青稞(裸大麦)。虽然西藏人民饮食习惯中黄油和肉类食品摄入较多,蔬菜相对较少,但是西藏人民患心血管疾病和结肠癌的概率远比预期值低。有研究分析,这与大麦的消费量有关。

100克大麦中主要营养物质含量

- 碳水化合物:63.4克
- 水分:13.1克
- 蛋白质:10.2克
- 膳食纤维:9.9克
- 脂肪:1.4克
- 其他:2克

裸大麦和皮大麦的籽粒营养成分含量

成分	裸大麦	皮大麦
β-葡聚糖(%)	7.29	7.51
蛋白质(%)	17.27	16.97
淀粉(%)	55.10	55.01
直链淀粉(%)	18.24	17.56
γ-氨基丁酸(μg/g)	313.50	294.80
总黄酮(μg/g)	2841.00	2341.40
生物碱(μg/g)	181.60	216.40
抗性淀粉(μg/g)	4.36	3.24

膳食纤维（Dietary Fiber）

膳食纤维是指在小肠中不易被消化和吸收，可在大肠中发酵，具有生理学效应的可食用植物性成分、碳水化合物及其相似物质的总称。也就是说，膳食纤维虽然不能被人体直接消化吸收，但是其具有多种生理功能。在膳食构成越来越精细的今天，膳食纤维被称为"第七类营养素"。《中国居民膳食营养素参考摄入量（2023版）》中，建议18岁以上的成年人每天摄入25~30克的膳食纤维。

膳食纤维分为可溶性膳食纤维和不溶性膳食纤维。可溶性膳食纤维可以改善肠道菌群，调节血糖，预防心血管疾病，燃烧脂肪、减轻体重。

产品	可溶性β-葡聚糖(g/100g)
小麦粉	0.1
大麦全麦粉	3.2

富含 γ- 氨基丁酸（GABA）

γ- 氨基丁酸（Gamma-aminobutyric acid）是一种小分子量非蛋白质氨基酸。它是人体中枢神经系统中重要的抑制性神经递质，具有改善睡眠、减缓抑郁、促进放松、缓解炎症、降低血压、提高免疫力等多种生理功能。大麦中 γ- 氨基丁酸含量约 300 微克 / 克，而水稻中的含量仅为 40~60 微克 / 克。

此外，大麦中的酚类化合物种类丰富，具有抗氧化、抗衰老等多种生物功能；钙、铁等多种微量元素和维生素 B1、B2，以及不饱和脂肪酸含量较高。

大麦是一种营养全面的健康食品。

大麦米、大麦粉、大麦片

经过粗加工，皮大麦脱去稃皮成为大麦米（大麦仁）。大麦米可以进一步加工成大麦糁子（粗粉粒）和大麦面（细粉）。大麦还可以压成大麦片食用。

大麦米、大麦糁子和大麦片可以煮饭或煮粥。长江和黄河流域人们习惯将大麦米、大麦糁子掺在大米里煮饭或煮粥。

大麦面可以部分或全部代替小麦面制作馒头、包子、饼等各类面食和糕点。

青稞炒面（糌粑）

先将青稞（裸大麦）炒熟，然后磨成粉，不去皮，就是青稞炒面（糌粑）。糌粑是藏族牧民的主要食物，吃法简单，携带方便。

食用青稞炒面（糌粑）有很多方法，最常见的是与少量的酥油茶、奶渣、糖等搅拌均匀，用手捏成团。

大麦茶

大麦茶由皮大麦炒制而成。

在日韩料理中，大麦茶用于开胃解腻和清除吃生鱼片后口中的异味。

大麦茶可以消热解毒、止渴利尿、健脾瘦身、益气健胃，还具有独特的香气。夏天可冰镇后作为解暑饮料饮用。

大麦轻炒，口感淡爽；重炒，则口感醇厚。炒制后的大麦加水煮沸 5 分钟，或用开水冲泡 15 分钟左右即可饮用。

大麦若叶

大麦若叶是当大麦幼苗生长到15~30厘米时采收的嫩叶。

大麦若叶榨汁就是大麦若叶青汁。大麦若叶青汁具有抗氧化、抗肿瘤、提高免疫力、改善胃肠菌群、降血脂、降血糖等功效。

大麦若叶烘干后磨粉，就是大麦若叶粉。大麦若叶粉食用方便，易于保存，还可以添加到各类食品中。

大麦深加工食品

大麦面制品：大麦（青稞）饼干、大麦（青稞）挂面等。

大麦发酵调味品：醋、酱油等。

大麦发酵饮品：酒、酸奶、青稞格瓦斯等。

现在就开始
自己制作健康的大麦美食吧!

大麦虾仁

大麦仁　60 克
虾仁　　30 克
玉米粒　30 克

- 蒸大麦仁。大麦仁用水洗净，加水 200 毫升，先浸泡 8~10 小时，带水上锅蒸 20 分钟左右。也可以用电饭锅煮大麦仁，但是水不要多，这样煮熟的大麦仁吃起来更有弹性。
- 制备虾仁。虾仁中加少许白胡椒粉、盐、料酒，腌制 15 分钟。锅中加水，烧开后放入虾仁，待虾仁变色即可捞出，沥干水分备用。
- 玉米粒提前煮熟备用。
- 炒菜。锅中放适量油，油热放少许蒜泥，加入大麦仁、玉米粒、虾仁一起翻炒，加盐和生抽调味。
- 装盘。

备注：
1. 可以根据个人的喜好，加入胡萝卜、豌豆、黄瓜或者其他蔬菜丁。
2. 为体现虾仁的色泽，建议调味时不要使用老抽。

日益重要的价值

麦仁炒饭

大麦仁　120 克
火腿　　30 克
香菇　　30 克

- 煮大麦仁。用电饭锅的杂粮煮饭模式将大麦仁煮熟；或者将大麦仁洗净后，加水 300 毫升，浸泡 8~10 个小时，然后上锅蒸 20 分钟。
- 火腿和香菇切丁备用。
- 炒饭。锅中放适量油，油热放少许生姜丝和蒜泥。依次加入火腿丁、香菇丁，翻炒 1~2 分钟后，加入大麦仁翻炒 2~3 分钟，再加少许生抽、盐、胡椒粉翻炒均匀。
- 出锅。加入葱花，翻炒几下，即可出锅。

备注：
1. 可以根据个人的喜好，加入胡萝卜、青椒丁等，增加配色。
2. 作为主食，建议低盐、少油。

麦仁八宝粥

大麦仁	15 克	大枣	8 克
红豆	25 克	莲子	15 克
黑米	15 克	糯米	40 克
花生	15 克	冰糖	25 克
红芸豆	15 克		

- 浸泡。大枣去核，莲子可以去芯。除糯米外，其他食材浸泡 4~8 小时。
- 煮粥。加水 1000 毫升，选用煮粥模式。
- 完成。食用前可加入冰糖。

备注：
可以将大麦仁浸泡 1~2 小时后，加入大米中煮饭、煮粥，使口感爽滑、有弹性。

大麦原来是这样的

日益重要的价值

大麦馒头

中筋面粉　390 克
大麦粉　　110 克
酵母　　　3 克
白糖　　　2 克

- 和面。先将大麦粉用开水搅拌成面絮状，放置 10 分钟。加入中筋面粉、糖、酵母，少量多次加水，直到成絮状后再揉成团。
- 发酵。在室温（20~35℃）下醒发到 2 倍大。取出面团排气，做成馒头形，放进蒸笼，再次醒发 20 分钟。
- 蒸馒头。大火蒸 20 分钟，关火闷 3~5 分钟。
- 出笼。

大麦面包

高筋面粉	200 克	白糖	30 克
大麦粉	50 克	鸡蛋	1 枚
牛奶	130 克	盐	3 克
黄油	35 克	酵母	3 克
奶粉	30 克		

- 用面包机制作，选择普通面包模式。

大麦奶酥

低筋面粉	130 克
大麦粉	65 克
黄油	80 克
白糖	50 克
葡萄干	80 克
奶粉	12 克
鸡蛋黄	4 个

- 黄油打发。将黄油软化后，分 3 次加入奶粉和白糖打发，至颜色略变浅；再分次加入 3 个鸡蛋黄，继续打发，直到其呈浓稠蓬松状态。
- 和面。将低筋面粉与大麦粉过筛后，加入打发好的黄油中，放入葡萄干，搅拌均匀，揉成团。
- 成形。将面团擀成厚度约 1 厘米的面片，再用刀切成自己喜欢的大小，表面刷蛋黄液。
- 烤制。放入预热好的烤箱，温度 180℃，烤 15 分钟。
- 出炉。

大麦饼干

低筋面粉	80 克
大麦粉	20 克
黄油	65 克
花生酱	35 克
糖粉	30 克
鸡蛋	1 枚

- 黄油打发。黄油软化后,依次加糖粉、鸡蛋液充分打发至蓬松。
- 加入花生酱,搅拌,使花生酱和黄油完全混合。
- 和面。将低筋面粉与大麦粉过筛后,加入打发好的黄油花生酱中,搅拌均匀。
- 成形。把和好的面移到面板上,整理成边长 3 厘米左右的长方条。放入冰箱冷冻室,冷冻至半硬,切成厚度在 0.5 厘米左右的薄片。也可以使用模具,整理成自己喜欢的形状。
- 烤制。放入预热好的烤箱,温度 180℃,烤 13 分钟。
- 出炉。

现在，你了解并喜欢大麦了吗？

大麦确实是一种神奇的植物。它是人类最古老的食物来源和用途最广泛的谷物之一。它是世界上消费量最大的酒精饮料——啤酒的最佳原料，也是唯一可以在海拔 4000 米以上栽培的谷类作物。在人类健康饮食中，大麦正扮演着越来越重要的角色。

然而，大麦的故事还远不止这些。通过运用现代生物技术，围绕大麦应用的新品种、新技术和新产品不断涌现，科学家正在探索大麦在保健食品和药品、生态修复、生物质能源转化等方面的新用途。你也可以继续你的大麦发现之旅。

参考资料

1. http://www.iplant.cn/ 植物智
2. http://www.moa.gov.cn/ 农业农村部网站
3. http://202.127.42.145/bigdateNew/ 中国种业大数据平台
4. 卢良恕. 中国大麦学[M]. 北京：中国农业出版社，1996.
5. 杨文钰，屠乃美. 作物栽培学各论：南方本[M].3 版. 北京：中国农业出版社，2021.
6. 胡立勇，丁艳锋. 作物栽培学[M].2 版. 北京：高等教育出版社，2019.
7. 朱睦元，张京. 大麦（青稞）营养分析及其食品加工[M]. 杭州：浙江大学出版社，2015.
8. 中国农业科学院作物科学研究所，国家大麦青稞产业技术体系. 中国大麦品种志（1986—2015）[M]. 北京：中国农业科学技术出版社，2018.
9. 扬乌尔里希. 大麦生产、改良与利用[M]. 张国平，邬飞波等，译. 杭州：浙江大学出版社，2012.
10. 凌一揆. 中药学（供中医、中药、针灸专业用）[M]. 上海：上海科学技术出版社，1984.
11. 张京，刘旭，等. 大麦种质资源描述规范和数据标准[M]. 北京：中国农业出版社，2006.
12. 国家市场监督管理总局，中国国家标准化管理委员会. 植物品种特异性、一致性和稳定性测试指南 大麦：GB/T 19557.31—2018[S]. 北京：中国标准出版社，2018.

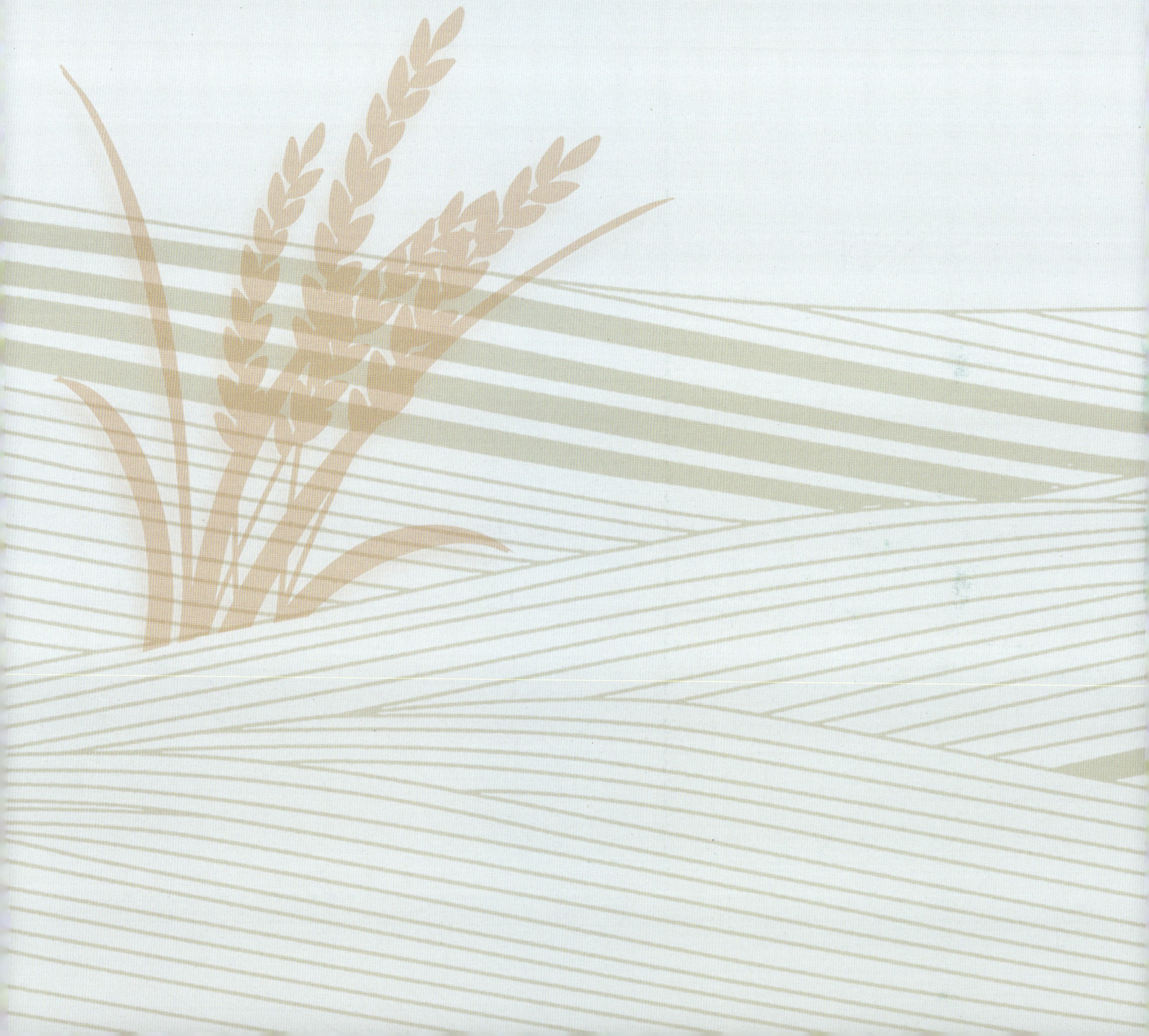